Bibliografische Information der Deutschen Nationalbibliothek:

Die Deutsche Bibliothek verzeichnet diese Publikation in der Deutschen National-
bibliografie; detaillierte bibliografische Daten sind im Internet über http://dnb.d-
nb.de/ abrufbar.

Impressum:

Copyright © 2015 GRIN Verlag, Open Publishing GmbH
Druck und Bindung: Books on Demand GmbH, Norderstedt Germany
ISBN: 978-3-668-14507-8

Dieses Buch bei GRIN:

http://www.grin.com/de/e-book/315923/die-entstehung-und-entwicklung-des-
gebaeudemanagements-im-deutschsprachigen

Arne Ott

Die Entstehung und Entwicklung des Gebäudemanagements im deutschsprachigen Raum

GRIN Verlag

GRIN - Your knowledge has value

Der GRIN Verlag publiziert seit 1998 wissenschaftliche Arbeiten von Studenten, Hochschullehrern und anderen Akademikern als eBook und gedrucktes Buch. Die Verlagswebsite www.grin.com ist die ideale Plattform zur Veröffentlichung von Hausarbeiten, Abschlussarbeiten, wissenschaftlichen Aufsätzen, Dissertationen und Fachbüchern.

Besuchen Sie uns im Internet:

http://www.grin.com/

http://www.facebook.com/grincom

http://www.twitter.com/grin_com

Die Entstehung und Entwicklung des Gebäudemanagements im deutschsprachigen Raum

Seminararbeit

vorgelegt am 30. Juli 2015

von: Arne Ott

Hochschule: HS Wismar - WINGS

Studiengang: Master Facility Management

Modul: FM / CAFM II

Inhaltsverzeichnis

Tabellen- und Abbildungsverzeichnis

Abkürzungsverzeichnis

DIN	Deutsches Institut für Normung e.V.
FLM	Flächenmanagement
FM	Facility Management
FMI	Facility Management Institute
GEFMA	German Facility Management Association e. V.
HGB	Handelsgesetzbuch
IFMA	International Facility Management Association
IGM	Infrastrukturelles Gebäudemanagement
KGM	Kaufmännisches Gebäudemanagement
NFMA	National Facility Management Association
TGM	Technisches Gebäudemanagement
VDI	Verein Deutscher Ingenieure

1 Prolog

Studierte Hausmeister, Mädchen für Alles, Fachkräfte, Objektmanager, Gebäudemanager, Facility Manager, Real Estate Manager, Property Manager und noch andere Begriffe, beschreiben Laien gerne die neudeutsche Immobilienbewirtschaftung. Die Verwaltung von Grundstücken, Gebäuden, technischen Anlagen oder schlichtweg Objekten werden seit einigen Jahren der Anglifizierung unterzogen und „gemanagt".

Doch wie kam es zu dieser Entwicklung, dass der Hausmeister oftmals fälschlicherweise als „Facility Manager" bezeichnet wird, es „Facility Management" - oder „Facility Service" - Anbieter gibt, oder Unternehmen ihre sogenannten Hilfsprozesse in einem separaten „Property Management" abbilden? Der Markt des heutigen Facility Management wächst seit vielen Jahren stetig.[1] In Deutschland gibt es derzeit mehr als vier Millionen Beschäftigte und in den kommenden 10 Jahren könnte diese Zahl auf acht Millionen ansteigen.[2]

Das Ziel der vorliegenden Arbeit ist es, die Entstehung des Gebäudemanagements im deutschsprachigen Raum zu analysieren und die Entwicklung im Wandel der Zeit näher zu betrachten. Was war ausschlaggebend für die Einführung des Gebäudemanagements und wie wird sich die weitere Entwicklung abzeichnen? Als Teilbereich des ganzheitlichen Facility Managements, ist das Gebäudemanagement das Aufgabengebiet mit den meisten Beschäftigten und der vermutlich höchsten Umsatzleistung pro Jahr.[3] Eine klare Abgrenzung der Begrifflichkeiten, die Betrachtung einzelnen grundlegenden Zeitperioden, sowie die Entwicklung diverser Unternehmenssparten (Facility Services) finden dabei Einfluss. Fragen wie, woher der Begriff Facility Management stammt, was das Gebäudemanagement beinhaltet und seit wann Menschen die Annehmlichkeiten von Dienstleistern nutzen, bekommen hier eine Antwort.

---

[1] Vgl. [Maa13]
[2] Vgl. ebenda
[3] Annahme des Autors, welche im Verlauf der Arbeit belegt oder wiederlegt wird

2   Begriffsdefinitionen

2.1   Facility Management

Da der Begriff des Facility Managements (FM) nicht einheitlich definiert ist, werden zur Verdeutlichung in der allgemein anerkannten Fachliteratur folgende 4 Definitionen verwandt:

1. „Facility Management ist die Praxis, den physischen Arbeitsplatz mit den Menschen und mit der Arbeit der Organisation zu koordinieren. Facility Management integriert dabei die Grundlagen der wirtschaftlichen Betriebsführung, der Architektur und der Verhaltens- und Ingenieurwissenschaften." (Amerikanische Definition, United States Library of Congress, 1988)[4]

2. „Facility Management ist der ganzheitliche strategische Rahmen für koordinierte Programme, um Gebäude, ihre Systeme und Inhalte kontinuierlich bereitzustellen, funktionsfähig zu halten und an die wechselnden organisatorischen Bedürfnisse anzupassen." (EURO-FM Definition, Glasgow 1990)[5]

3. „Facility Management ist eine Managementdisziplin, die durch ergebnisorientierte Handhabung von Facilities und Services im Rahmen geplanter, gesteuerter und beherrschter Facility Prozesse eine Befriedigung der Grundbedürfnisse von Menschen am Arbeitsplatz, Unterstützung der Unternehmens- Kernprozesse und Erhöhung der Kapitalrentabilität bewirkt. Hierzu dient die permanente Analyse und Optimierung der kostenrelevanten Vorgänge rund um bauliche und technische Anlagen, Einrichtungen und im Unternehmen erbrachte (Dienst-) Leistungen, die nicht zum Kerngeschäft gehören."[6] (German Facility Management Association (GEFMA))

4. „Facility Management ist Gesamtheit aller Leistungen zur optimalen Nutzung der betrieblichen Infrastruktur auf der Grundlage einer ganzheitlichen Strategie." [VDMA Definition, Berlin 1996][7]

Allein an diesen 4 Definitionen lässt sich erkennen, dass der Begriff des Facility Managements in vielen Bereichen unterschiedlich aufgefasst und entsprechend auch anders zum Tragen kommt. Die GEFMA 100-1:2004 stellt die wesentlichen Prozesse in den Vordergrund, die zur Betreibung und Unterhaltung der Objekte dienen, wohingegen der anglistische Ansatz auf die Menschen und deren Arbeitsbedürfnisse abzielt. Um für den weiteren Verlauf der vorliegenden Arbeit eine Eingrenzung zu treffen und der Themen-stellung gerecht zu werden, wird die GEFMA und deren Richtlinien als Grundlage dienen.[8]

---

[4] Vgl. [Kri10] S. 17
[5] Vgl. ebenda
[6] Vgl. [GEFMA 100-1] S. 3
[7] Vgl. [Kri10] S. 18
[8] Anmerkung des Autors: Die GEFMA hat sich im deutschsprachigen Raum als Facility Management Verband etabliert und ist somit als eine verlässliche Quelle zur weiteren Bearbeitung der Arbeit zu betrachten.

2.2 Gebäudemanagement

Mit Erarbeitung der vom Deutschen Institut für Normung e.V. (DIN) veröffentlichten DIN 32736:2000-08 fand die Kontroverse um Definitionen und Begrifflichkeiten im Zusammenhang mit dem Gebäudemanagement ein vorläufiges Ende. Sie sollte dem „...einheitlichen Sprachgebrauch und der Strukturierung von Leistungen...“[9] dienen. Die o. g. DIN definiert den Begriff des Gebäudemanagements wie folgt:

„Das Gebäudemanagement ist die Gesamtheit aller Leistungen zum Betreiben und Bewirtschaften von Gebäuden einschließlich der baulichen und technischen Anlagen auf der Grundlage ganzheitlicher Strategien. Dazu gehören auch die infrastrukturellen und kaufmännischen Leistungen. Gebäudemanagement zielt auf die strategische Konzeption, Organisation und Kontrolle, hin zu einer integralen Ausrichtung der traditionell additiv erbrachten einzelnen Leistungen.“[10]

Entsprechend des in der DIN 32736:2000-08 definierten Aufgaben- und Leistungsspektrums, gliedert sich das Gebäudemanagement also in die 4 Bereiche:

- Technisches Gebäudemanagement (TGM),
- Infrastrukturelles Gebäudemanagement (IGM),
- Kaufmännisches Gebäudemanagement (KGM) und
- Flächenmanagement (FLM) (s. auch Abb. 1).

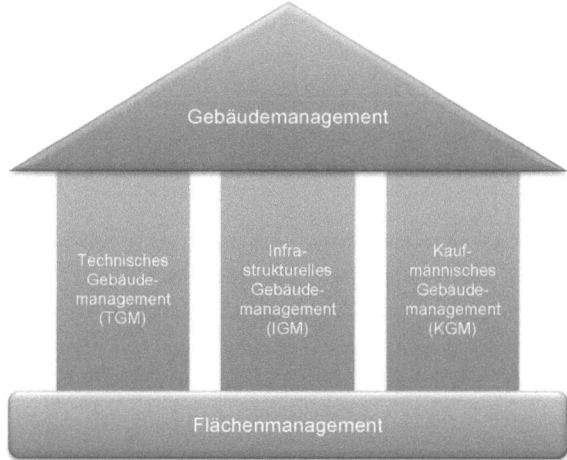

Abb. 1: Leistungsbereiche des Gebäudemanagements
Quelle: eigene Darstellung in Anlehnung an [DIN 32736], S. 2

---

[9] Vgl. [DIN 32736] S. 1 - Anwendungsbereich
[10] Vgl. [DIN 32736] S. 1 - Begriffe

4

Um auch hierbei für den weiteren Verlauf der Arbeit eine Eingrenzung zu treffen, wird das heutige Flächenmanagement weitestgehend außer Acht gelassen und die Schwerpunkte auf das Technische, Infrastrukturelle und Kaufmännische Gebäudemanagement gelegt. Zum besseren Verständnis werden aber folgend noch einmal die 4 ausschlaggebenden Bereiche des Gebäudemanagements näher erläutert (s. auch Abb. 2):

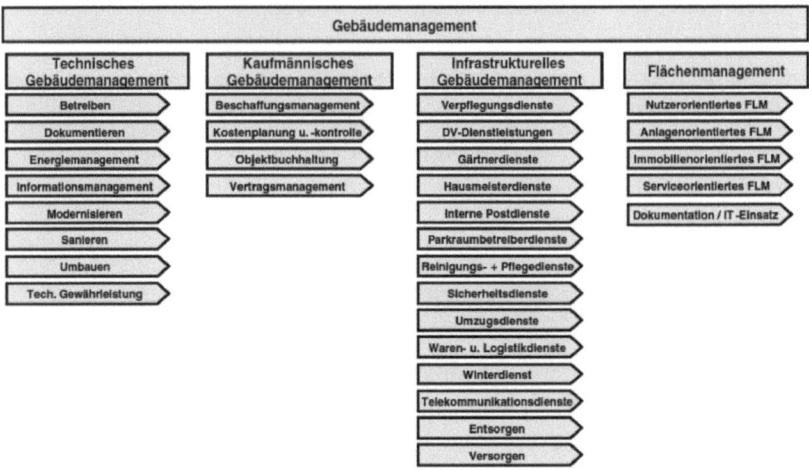

Abb. 2: Leistungen des Gebäudemanagements
Quelle: entnommen aus [NS13], S. 13

a) **Technisches Gebäudemanagement**: „Umfasst alle Leistungen, die zum Betreiben und Bewirtschaften der baulichen und technischen Anlagen eines Gebäudes erforderlich sind."[11] Zu den Aufgaben zählen somit Betriebsführung, Umbau und Sanierung, Versorgung sowie das Umweltmanagement.

b) **Infrastrukturelles Gebäudemanagement**: „Umfasst die geschäftsunterstützenden Dienstleistungen, welche die Nutzung von Gebäuden verbessern."[12] Dazu zählen Reinigungs- und Bewachungsdienste, Ver- und Entsorgungsaufgaben, Hausmeisterdienste, Parkraumbewirtschaftung, Winterdienste oder Umzugsleistungen, um nur einige Relevante zu nennen.[13]

---

[11] Vgl. [DIN 32736] S. 1 - Begriffe
[12] Vgl. ebenda
[13] Vgl. [NS13] S. 13

c) **Kaufmännisches Gebäudemanagement**: „Umfasst alle kaufmännischen Leistungen aus den Bereichen TGM und IGM unter Beachtung der Immobilienökonomie."[14] Dies betrifft die Gebiete der Objektbuchhaltung, Kosten- und Leistungsrechnung und Rechnungswesen.

d) **Flächenmanagement**: „Ziel des Flächenmanagements ist die Schaffung einer allgemeinen Datenbasis für das Gebäudemanagement sowie in einer optimalen Ausnutzung der zur Verfügung stehenden Flächen."[15] Für den Bereich des Flächenmanagements wird gem. DIN 32736 noch einmal eine Unterteilung in Nutzerorientiertes (Nutzungsplanung, Arbeitsplatzgestaltung, Arbeitsprozesse, u. ä.), Anlagenorientiertes (im Hinblick auf z. B. Baukonstruktionen und technische Gebäudeausrüstung), Immobilienwirtschaftliches (Verknüpfung von Flächen und Räumen, Belegungsberatung, etc.), und Serviceorientiertem Flächenmanagement (Zeitmanagement, Verpflegungslogistik, Konferenztechnischer Service) unterschieden.[16]

Im Vergleich zur o. g. DIN 32736:2000-8 wird in der im Jahr 2004 veröffentlichten GEFMA 100-1 ein wesentlicher integrativerer Ansatz dargelegt. Im Gebäudemanagement wird hierbei nicht mehr zwischen den 3 Leistungsbereichen TGM, IGM und KGM unterschieden, sondern das Objekt im Lebenszyklus betrachtet, wobei die Nutzungs- und Betriebsphase mit dem Gebäudemanagement gleichzusetzen ist. Dieses spiegelt sich in den Punkten:

- Objektbetrieb managen,
- Arbeitsstätten bereitstellen,
- Objekte betreiben,
- Objekte ver- und entsorgen,
- Objekte reinigen und pflegen,
- Objekte schützen und sichern,
- Objekte verwalten,
- Support bereitstellen und
- Projekte durchführen wieder.[17]

Analog zur bereits erwähnten Differenzierung des regulären Gebäudemanagements und des angepassten Ansatzes aus der GEFMA 100-1, befindet sich die DIN 32736 derzeit in der Überarbeitung. Aller Wahrscheinlichkeit nach, wird diese dann auch nicht mehr „Gebäudemanagement", sondern „Facility Services"[18] heißen.[19]

---

[14] Vgl. [DIN 32736] S. 1 - Begriffe
[15] Vgl. [Kri10] S. 70
[16] Vgl. [DIN 32736] S. 7 ff.
[17] Vgl. [GEFMA 100-1] S. 7
[18] Die „Facility Services" wie das GM mittlerweile auch genannt wird, finden ihren integralen Ansatz in der GEFMA 100-1 und legen einen stärkeren Schwerpunkt auf die Prozessoptimierung. (s. oben)
[19] Vgl. [NS13] S. 13

Der im Jahr 1856 [20] gegründete Verein Deutscher Ingenieure e. V. definiert das Gebäudemanagement in der VDI 6009-1 wiederum wie folgt: „Gebäudemanagement ist die Gesamtheit der technischen , infrastrukturellen und kaufmännischen Leistungen zur Nutzung von Gebäuden und Liegenschaften im Rahmen des Facility Managements."[21] Die Aufgaben werden hierbei zusammenfassend als „...Planung und Überwachung sämtlicher Dienstleistungen, die für die Bewirtschaftung eines Gebäudes, einer Liegenschaft oder einer betrieblichen Einrichtungen erbracht werden..."[22], definiert. Das Gebäudemanagement betrachtet weiterhin seine Dienstleistungen als Produkte, die für die Kunden hergestellt bzw. bereitgestellt werden. Zu Beginn dieser Bereitstellung steht die Bedarfsanfrage des Kunden im Vordergrund (z. B. nach einem Botendienst, nach Büroräumen, Winterdienst, oder ein ordnungsgemäß gewarteter Aufzug). Somit wird der Zielerreichungsgrad an der Zufriedenheit des Kunden nach Auftragsabschluss gemessen. Diese Prozessanalyse ist wesentlicher Bestandteil des breiten Spektrums „Gebäudemanagement".[23]

---

[20] Vgl. [VDI15]
[21] Vgl. [VDI 6009-1]
[22] Vgl. ebenda
[23] Vgl. ebenda

3 Historische Entwicklung im deutschsprachigen Raum

3.1 Die ersten Anfänge

Bereits mit der Urbanisierung vor über 50.000 Jahren begann der Mensch damit seine häusliche Umgebung zu reinigen und zu bewirtschaften. Hausverwalter oder Reinigungspersonal waren schon im Römischen Reich, bei den Griechen und Ägyptern angestellt. So spricht z. B. Seneca (römischer Philosoph)[24] im 12. Brief an Lucilius davon, dass bei der Rückkehr auf seinen Gutshof, das Haus dem Verfall preisgegeben wurde und er die hohen Kosten nicht weiter tragen könne. Sein „Verwalter" entgegnete daraufhin, dass es dabei nicht um die Nachlässigkeit geht, sondern einzig und allein das Alter dafür verantwortlich ist:

„Wohin ich mich wende, erblicke ich Beweise meines Alters. Ich war auf mein Gut gekommen und beklagte mich über die Kosten des baufälligen Landhauses. Der Verwalter versicherte, die Schuld liege nicht an einer Vernachlässigung von seiner Seite: er tue alles, allein das Gebäude sei alt. Und diese Villa war unter meinen Händen entstanden! Was wird's mit mir werden, wenn Mauersteine, so alt als ich, schon mürbe werden?"

Abb. 3: Auszug 12. Brief des Seneca an Lucilius
Quelle: eigene Darstellung, aus [Rec04]

Ebenso ist in der geschichtlichen Entwicklung davon auszugehen, dass es im Römischen Reich nicht nur schon Gutsverwalter gab, sondern auch „Hausverwalter", die in Einrichtungen des öffentlichen Interesses, die tägliche Bewirtschaftung übernahmen (z. B. in Badeanstalten, Adelspalästen, etc.).

Im deutschsprachigen Raum ist davon auszugehen, dass als ein Vorgänger des modernen Gebäudemanagements das Lehnswesen angesehen werden kann. Dieses hat sich mit Beginn des 6./7. Jh. in Deutschland etabliert. Dabei wurde im Grunde von sogenannten Lehnsherren die Besitztümer (meist Ländereien, genannt Lehen) an Lehnsmänner vergeben. Die Lehnsherren, die i. d. R. die obersten Landesherren wie Könige oder Herzöge waren, vergaben Lehen an ihre Untergebenen, wie z. B. Fürsten. Diese konnten wiederum Lehen an andere Adelige oder einfache Bauern vergeben. Es entstand somit eine Art der Abhängigkeit, die der Lehnsmann oder auch Vasall genannt, gegenüber seinem Lehnsherrn erfüllen musste. Die Erfüllung der übertragenen Pflichten bestand darin, dass die

---

[24] Die „Briefe über Ethik an Lucilius", geschrieben von Seneca ca. 62 n.Chr., sind eine Schriftenreihe, ausgegeben von u. a. dem Reclam Verlag und werden in der Schulliteratur im Lateinunterricht behandelt. Im 1. Buch, dem 12. Brief geht es dabei um die Vergänglichkeit von Zeit.

Besitztümer und Ländereien verwaltet und bewirtschaftet werden mussten. Soldaten- bzw. Kriegsdienste waren allerdings auch nicht unüblich.[25]

Die Entwicklungen des Gebäudemanagements, wie wir es heute kennen bzw. es die Literatur beschreibt, entwickelte sich also zusammen mit der Menschheitsgeschichte mit. Die ersten „professionellen" Reinigungskräfte, wie sie heute im modernen Gebäudemanagement nicht mehr wegzudenken sind, gab es bereits nach dem 30-jährigen Krieg um 1650. Dort zogen Selbstständige mit ihren Pferdewagen durch Norddeutschland und reinigten mit Sand, Wasser und Wurzelbürsten Fassaden – die sog. „Wand- und Wagenwäscher".[26]

Die Erklärung des Allgemeinen Preußischen Landrechts (1794)[27], darauf aufbauend die Einführung des Handelsgesetzbuches (HGB) (1861)[28], oder die Entwicklung des Solvay-Verfahrens als Grundlage der kostengünstigen Glasproduktion (1863)[29], sind nur einige Beispiele die zur Schaffung der wirtschaftlichen Grundlagen und Entwicklung des Gebäudemanagement im deutschsprachigen Raum beigetragen haben. Ohnehin war das Zeitalter der industriellen Revolution (ab ca. 1830er – 1873)[30] und die Zeit bis zum Ausbruch des Zweiten Weltkrieges in Deutschland bedeutsam für die Entwicklung des Gebäudemanagements. Ausgenommen vom Ersten Weltkrieg und der damit verbundenen Mobilmachung großer Teile der männlichen Bevölkerung, welche bis dato die Unternehmen und entsprechenden Dienstleistungen geführt haben, an deren Stelle die zurückgebliebenen Frauen eintraten und die Leistungen erbrachten.[31] (hier auch) Viele der großen Facility Service Unternehmen, die heute das jährlich erscheinende Ranking der Lünendonk GmbH[32] anführen, wurden in den Jahren zwischen 1866 (STRABAG SE) – 1925 (Gegenbauer Holding SE & Co. KG) gegründet und waren somit ausschlaggebend für den Verlauf und die Entstehung des heutigen Facility Managements bzw. der Facility Services.

3.2 Der professionelle Beginn – Entwicklung und Bedeutung dessen

Wie bereits in Kapitel 3.1 geschildert, hat sich der grobe Prozess bzw. die bis dato vielen Einzelprozesse des heutigen Gebäudemanagements und die Entstehungsgeschichte dessen, seit einigen hundert Jahren profiliert. Die allgemeingültige Definition und damit in Verbindung stehende Herausbildung bedurfte allerdings einer weiteren Entwicklung. Die

[25] Vgl. [Spi09] S. 23 ff.
[26] Vgl. [BIV15]
[27] Vgl. [Til78] S. 243
[28] Vgl. ebenda; S. 289
[29] Vgl. ebenda; S. 304
[30] Vgl. [GAK95] S. 88 ff.
[31] Vgl. [Seu98] S. 202 f.
[32] Vgl. [Lün15] S. 1

Anfang des 20. Jahrhunderts gegründeten Facility Service Dienstleister entwickelten sich erst im Laufe der Zeit zu „Full-Service-Anbietern" im Bereich des Facility Managements bzw. Gebäudemanagements. So zum Beispiel die Firma Piepenbrock, welche als reines Glas- und Fensterreinigungsunternehmen im Jahr 1913 begann. Erst nach dem Zweiten Weltkrieg, 1955 wurden die Unternehmensbereiche unter Leitung von Hartwig Piepenbrock ausgeweitet und um Sicherheitsdienste, Begrünungen, technischen Gebäudedienste oder Wirtschafts- und Versorgungsdienstes ergänzt.[33] Ähnlich verhielt es sich mit anderen Anbietern, wie z. B. der Gegenbauer Holding SE & Co. KG[34], der WISAG Facility Service Holding GmbH & Co. KG[35] oder auch der heutigen Dussmann Stiftung & Co. KGaA[36]. Die hier benannten Dienstleister fingen i. d. R. alle als kleines Dienstleistungsunternehmen, meist im Bereich der Gebäudereinigung an und erweiterten ihre Geschäftsfelder im Laufe der Jahre sukzessive.

Doch wieso kam es ab ca. 1950 überhaupt zu diesen rasanten Entwicklungen und weiterführenden Ausprägungen der Unternehmensbereiche? Um diese Frage umfassend zu beantworten, muss ein Exkurs in das strategische Immobilienmanagement vorgenommen werden. Unternehmen, deren Kernprozesse nicht im Bau, der Bewirtschaftung, Unterhaltung oder Instandsetzung von Objekten (Facility/Gebäuden) bestand, bildeten im Laufe der Zeit zumeist eine verwirrende Kompetenzstruktur, in die die Immobilien eingebunden waren. Ein wirtschaftlich effektiver Umgang mit Liegenschaften war daher kaum möglich und Überschneidungen und Konflikte unvermeidlich.[37] (s. auch Abb. 4) Immobilien wurden daher in traditionell geführten Unternehmen allenfalls als Anlage- oder Beleihungsobjekte angesehen. Das Top-Management sah die Hauptaufgabe eher in der Ertragssteigerung, Produktivität oder Etablierung des Marktanteils, sowie Qualitätssteigerung und Kundenzufriedenheit. Das eigentliche Immobilienmanagement spielte dabei keine tragende Rolle.[38] Mehrfacher Veränderungsdruck und damit verbundene Umstrukturierungen brachten allerdings den Wandel. Ertragspotentiale wurden zunehmend wichtiger, Bauwerke über ihre bloße bauliche Dimension hinaus als Produktionsstätte, ja gar als eigenes Produkt angesehen. Die Stellung als aktives Element im Unternehmensprozess rückte in den Vordergrund, so dass sie ebenso effizient gemanagt und vermarktet werden mussten. Die eigentlichen Kernprozesse und Kompetenzen rückten vielfach in den Hintergrund, da mit wachsenden Unternehmensbereichen, auch die entsprechenden Immobilien bereitgestellt und bewirtschaftet werden mussten.[39]

---

[33] Vgl. [Pie15]
[34] Vgl. [Geg15]
[35] Vgl. [WIS15]
[36] Vgl. [Dus15]
[37] Vgl. [Kah11] S. 108 ff.
[38] Vgl. ebenda
[39] Vgl. [Kah11] S. 110 ff.

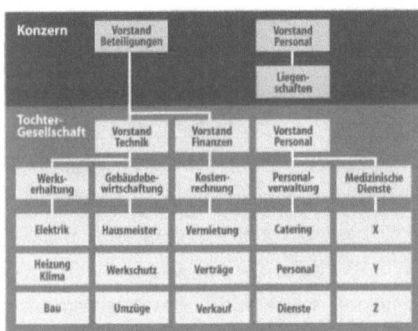
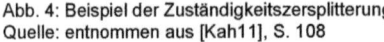
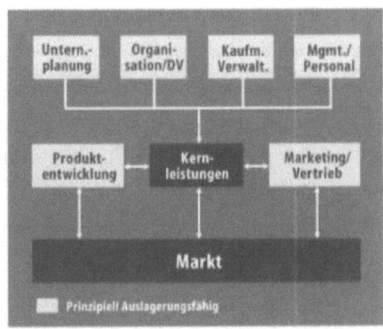

Abb. 4: Beispiel der Zuständigkeitszersplitterung
Quelle: entnommen aus [Kah11], S. 108

Abb. 5: mögliche Unternehmensauslagerungen
Quelle: entnommen aus [Kah11], S. 113

Die Folge war, dass die betreffenden Unternehmen mehr und mehr dazu übergingen, ihre Hilfsprozesse, die zur eigentlichen Produktion nur marginal von Bedeutung waren, auszugliedern (s. Abb. 5). Das sog. Outsourcing, welches bereits zum damaligen Zeitpunkt über Unternehmensbenchmarks geregelt wurde, resultierte darin, dass neben den typischen Facility Services (Reinigungs-, Sicherheits-, Empfangsdiensten o. ä.) auch die Bereiche der kaufmännischen Verwaltung oder des technischen Gebäudemanagements einer Überprüfung unterzogen wurden.[40] Die bis dato aufgebauten kostspieligen Verwaltungs- oder Organisationsapparate der Unternehmen sollten abgebaut, gleichzeitig aber die qualitative Komponente erhalten werden. Die fortschreitende Technisierung der Gebäudeausrüstung mittels Mess-, Steuer- und Regeltechnik veränderte das Betreiben der Gebäude rasant, weshalb einem professionellem Facility Management Ansatz und damit verbundenem Gebäudemanagement immer mehr Bedeutung zukam. Diese Marktentwicklung erkannten die Dienstleister, erweiterten wiederrum ihre Unternehmensbereiche um die gewünschten Dienste und das Gebäudemanagement oder die heutigen Facility Services waren geboren.

3.3 Das Gebäudemanagement als Grundlage des Facility Managements

Die Entwicklung des Gebäudemanagements, egal ob im deutschsprachigen Raum oder im Ausland kommt ohne eine nähere Betrachtung im Zusammenhang mit der Entwicklung des Facility Managements nicht aus. Erst durch die Entstehung des Facility Managements, konnten die heute prägenden Begriffe wie Gebäudemanagement, Facility Services, Nutzungsphase, Lebenszyklusbetrachtung oder Objektunterhaltung überhaupt geprägt werden. Seit der Etablierung des Facility Managements, Mitte der 1950er, in den USA und

---

[40] Vgl. [Kah11] S. 110 ff.

11

ab Mitte der 1980er in Deutschland, sahen Unternehmen die Chance, Objektoptimierungen vorzunehmen und ggf. die Lebensdauer ihrer Gebäude, Anlagen und Liegenschaften zu erhöhen. Das Facility Management als Geschäftsfeld war anfangs hauptsächlich für Unternehmen im technischen und infrastrukturellen Bereich als Chance anzusehen, so dass sie ihre Angebotspalette entsprechend erweitert haben.[41]

Den Ursprung nahm das Facility Management in den USA, als die Fluggesellschaft Pan-American-World-Services 1952 von der US Air-Force den Auftrag erhielt, die Facilities der Eastern Test Range zu betreiben und für deren Instandhaltung zu sorgen. Die Pan-American-World-Services gilt somit heute als erstes externes Facility Management Unternehmen der Welt.[42]

Die Hermann Miller Corporation veranstaltete 1978 wiederum eine Konferenz mit dem Titel „Facilities Impact on Productivity". Dazu wurden alle Kunden eingeladen, welche dann ihre Erfahrungen austauschen sollten. Diese Konferenz, auf der auch der Grundsatzbeschluss zur Gründung einer Arbeitsgruppe gefasst wurde und die 1979 erfolgte Gründung des Facility Management Institutes (FMI) gelten als die Begründer der wissenschaftlichen Ausprägung des Facility Management.[43]

Nach Bildung der National Facility Management Association (NFMA) im Jahr 1980, der Umbenennung im Jahr 1982 in die International Facility Management Association (IFMA) und damit verbundenen Internationalisierung des Begriffs, hielt dieser nun Mitte der 1980er auch in Europa Einzug (zunächst in Großbritannien, danach auch im deutschsprachigen Raum). Dies hatte zur Folge dass sich im Jahr 1989 der nationale Verband German Facility Management Association (GEFMA) etablierte.[44]

Das Ziel der GEFMA war und ist es bis zum heutigen Tage, die Aktivitäten des Facility Managements in Deutschland zu fördern, die unterschiedlichen Aussagen aller am Markt Beteiligten auszugleichen und in einer einheitlichen Aussage für die Anwender zu bündeln.[45] Dieses Ziel verfolgt die GEFMA stetig und hat im Jahr 1996 mit der ersten Richtlinienreihe die nötige Basisarbeit zur Etablierung des Facility Managements geleistet.

Nimmt man nun allerdings die uns bekannten Definitionen aus GEFMA Richtlinien oder des Vereins der Deutschen Ingenieure (VDI), so fällt auf, dass das aus den USA bekannte

---

[41] Vgl. [GW12], S. 3
[42] Vgl. ebenda
[43] Vgl. [NS13] S. 26 f.
[44] Vgl. ebenda
[45] Vgl. [NS13] S. 27

Prinzip der Koordination von Mensch, Technologie und Sachmittel in den Hintergrund rückt. Die deutschen Definitionen für Facility Management stellen hingegen die professionelle Gebäudebewirtschaftung in den Fokus der Betrachtung, wonach auch die Etablierung des Begriffs Gebäudemanagement im engen Zusammenhang mit dem weniger bekannten Lebenszyklusansatz des Facility Managements gebracht wird.[46]

3.4 Ausblick, Prognose und Entwicklungspotentiale

Mit den vorhergehenden Abschnitten wurde die historische Entwicklung des Gebäudemanagements im deutschsprachigen Raum dargestellt. Um diesen Bereich umfassend abzubilden, ist es aus Sicht des Autors erforderlich auch die aktuellen Trends und Entwicklungspotentiale der kommenden Jahre zu betrachten.

Das einheitliche europäische Verständnis für Facility Management sollte mit Gründung des Normungskomitees CEN TC 348 „Facility Management" im Jahr 2002 forciert werden. Im Januar 2007 erschienen daraufhin die DIN EN 15221-1 und DIN EN 15221-2 Normen, die bereits grundlegende Veränderungen hervorriefen.[47] Im Dezember 2011 sind weitere vier Teile erschienen und im Jahr 2012 ein siebter Teil. Die Folge dessen war, das bereits in Fachkreisen darüber debattiert wurde, die ursprüngliche DIN 32736 und den Begriff des Gebäudemanagements abzuschaffen.[48] Die einhellige Meinung, welche damit in Verbindung gebracht wurde war, dass die erst 7 Jahre alte DIN 32736 in mancher Hinsicht nicht mehr auf der Höhe der Zeit war. Die DIN EN 15221-1 stellte folgende Grundsätze heraus, na denen sich die Entwicklung des Facility Management und damit auch das (noch so genannte) Gebäudemanagement fortschreiben sollte[49]:

a) Facility Management ist eine Grundfunktion in jeder Organisation.
b) Facility Management findet auf jeder Ebene der Organisation statt und ist daher eingebunden in die strategische Entscheidungsfindung der Organisation.
c) Gebäude und Anlagen brauchen Facility Management, aber Facility Management braucht nicht immer Gebäude und Anlagen.
d) Facility Management kann nicht durch Dritte erbracht werden.
e) Facility Management stellt den schonenden Umgang mit Ressourcen sicher und verantwortet die Zukunftsfähigkeit der Organisation im Wettbewerb um die Ressourcen.

---

[46] Vgl. [HHK13] S. 3
[47] Vgl. [Sta12] S. 1
[48] Vgl. [Bal07] S. 1
[49] Vgl. [Sta12] S. 2

Somit stellt die DIN EN 15221-1 auch abschließend die Differenzierung zwischen dem Facility Management und den Dienstleistungen (Facility Services) dar, so dass es zu keiner weiteren Kollision der Begriffe Gebäudemanagement und Facility Management kommt. Aus dieser Entwicklung heraus, wurde dann auch die Überarbeitung der DIN 32736 beschlossen, die folgerichtig nur noch „Facility Services" heißen sollte. Eine Veröffentlichung ist bis zum Zeitpunkt der Fertigstellung dieser Arbeit allerdings noch nicht erfolgt.

Ein breites Feld an Veränderungen ist bereits heute am Horizont erkennbar: „...die Megatrends. Klimawandel, Ressourcenknappheit, Silver Societies, Globalisierung, Interkonnektivität, Individualisierung, Mobilität, neue Völkerwanderungen, Rolle der Frau, neue Arbeitswelten, Digitalisierung, Urbanisierung und andere sind bereits identifiziert, weitere werden noch hinzukommen.".[50] Indikator für das Wachstum in der Branche ist neben der angestrebten Reformierung der DIN 32736, der Weiterentwicklung und Integration der DIN EN 15221, auch die jährlich erscheinende Lünendonk-Liste und damit einhergehende Marktübersicht der Facility Service Anbieter, welche wiederum das Wachstum der vergangenen Jahre belegt:

Tabelle 1: Lünendonk Marktübersicht Facility Service Anbieter

Unternehmen	Umsatz in Deutschland in Mio. €			
	2014	2013	2012	2011
Bilfinger SE Facility Services	1.241,0	1.187,0	1.132,0	1.043,0
Strabag Property and Facility Service GmbH	1.015,0	871,0	872,0	893,0
Wisag Facility Service Holding GmbH & Co. KG	852,0	819,0	721,1	628,0
Dussmann Service Deutschland GmbH	830,0	785,0	703,0	675,0
Spie GmbH	690,0	650,0	---	---

Quelle: eigene Darstellung in Anlehnung an [DFM15]

Neben der bisherigen Marktentwicklung der Facility Service Leistungen, zeichnet sich auch ein neuer Trend hin zum nachhaltigen Bewirtschaften der Immobilien ab. Die GEFMA hat eigens hierfür unter Leitung von Frau Prof. Dr. Pelzeter eine neue Richtlinie auf den Markt

---

[50] Vgl. [DFM14] S. 16

gebracht. Die GEFMA 160 betrachtet hierbei die Ökologischen, Ökonomischen und Soziokulturellen Aspekte der Nachhaltigkeit im Detail der Facility Service Landschaft.[51]

Ziel der Richtlinie ist es die Grundlagen durch die Definition von Nachhaltigkeit im FM und von Schnittstellen zur Nachhaltigkeit der Immobilie zu schaffen und durch Aufzählung von Themenfeldern und Kriterien zur Identifikation von Nachhaltigkeit im Facility Management Orientierung zu geben. Darüber hinaus bietet die Richtlinie eine Basis für die Entwicklung eines spezifischen Nachhaltigkeits-Konzeptes, das auch für die Nachhaltigkeits-Berichterstattung genutzt werden kann. Mit der Richtlinie wird die Bewertung der FM-Leistung unabhängig von der Gebäudequalität möglich. Es werden nur die Serviceprozesse bewertet, ohne Bewertung der baulichen Voraussetzungen.[52]

Die aktuelle Ausgabe von „Der Facility Manager" (7/8 2015) zieht eine durchaus positive Branchenbilanz für die Facility Services. Die Zukunftsaussichten sind solide, die Unternehmen wachsen und passen sich dem Marktgeschehen an. Einzig die altbekannte Preispolitik im Wettbewerbsgeschehen und der zunehmende Fachkräftemangel bereiten der Branche Probleme. Letzteres nimmt sogar völlig neue Dimensionen an. Es fehlen vor allem technische Ingenieure, aber auch Handwerker in den Gewerken Heizung, Klima, Sanitär und sogar Reinigungspersonal.[53]

---

[51] Vgl. [Pel14]
[52] Vgl. [GEFMA 160]
[53] Vgl. [DFM15] S. 14

4   Resümee

Ziel der vorliegenden Arbeit war es, die Entstehung des Gebäudemanagements im deutschsprachigen Raum zu analysieren und die Entwicklung im Wandel der Zeit näher zu betrachten. Die Ergebnisse der eingehenden Geschichtsrecherche belegen, dass das Gebäudemanagement, oder Vorläufer dessen, bereits mit Beginn der Menschheits-geschichte entstanden sind.

Der seit Jahren stetig wachsende Markt des Facility Management, nahm seinen Ursprung in den USA und wurde im Bezug auf die europäischen Anforderungen standardisiert und partiell tiefgreifenden wissenschaftlichen Veränderungen unterzogen. Die Eingangs genannten Begriffe „Studierte Hausmeister, Mädchen für Alles, Fachkräfte, Objektmanager, Gebäudemanager, Facility Manager, Real Estate Manager oder Property Manager" konnten geklärt bzw. Unterschiede deutlich hervorgehoben werden.

Die Weiterentwicklung der Branche und die damit verbundenen Probleme und Vorzüge wurden durch den Autor separat erörtert. Die Nachhaltigkeit im Facility Management (und Facility Services) wird in den kommenden Jahren ebenso Einzug halten, wie die Erschließung neuer Segmente zur Fachkräftegewinnung.

Quellenverzeichnis

Literatur

[DFM14]   Der Facility Manager – Gebäude und Anlagen besser planen,
                 bauen, bewirtschaften; Fachzeitschrift für Facility Management;
                 Heft 6, Jahrgang 21, Ausgabe Juni 2014

[DFM15]   Der Facility Manager – Gebäude und Anlagen besser planen,
                 bauen, bewirtschaften; Fachzeitschrift für Facility Management;
                 Heft 7/8, Jahrgang 22, Ausgabe Juli/August 2015

[DIN 32736]   Deutsches Institut für Normung e.v.: „DIN 32736:2000-08 –
                 Gebäudemanagement – Begriffe und Leistungen"; Beuth Verlag
                 GmbH, Berlin, 2000

[GAK95]   Prof. Dr. Hilke Günther-Arndt; Prof. Dr. Jürgen Kocka, Hrsg.:
                 Geschichtsbuch – Neue Ausgabe, Die Menschen und ihre
                 Geschichte in Darstellungen und Dokumenten; 1. Auflage,
                 Band 3, Cornelsen, 1995

[GEFMA 100-1]   Glauche, Ulrich (Autor): „GEFMA 100-1:2004 – Facility
                 Management Grundlagen"; 1. Auflage, GEFMA, Nürnberg,
                 2004

[GEFMA 160]   Pelzeter, Andrea (Autor): „GEFMA 160-02:2014 –
                 Nachhaltigkeit im Facility Management – Grundlagen und
                 Konezption"; 1. Auflage, GEFMA, Nürnberg, 2014

[GW12]   Hanspeter Gondring , Thomas Wagner: „Facility Management:
                 Handbuch für Studium und Praxis"; 2. Auflage, Franz Vahlen
                 Verlag, München, 2012

[HHK13]   Joachim Hirscher, Henric Hahr, Katharina Kleinschrot: „Facility
                 Management im Hochbau – Grundlagen für Studium und
                 Praxis"; Springer Verlag, Berlin, 2013

[Kah11]   Kahlen, Hans: „Facility Management – Entstehung, Konzeption,
                 Perspektiven"; Springer Verlag, Berlin, 2011

[Kri10]   Krimmling, Jörn: "Facility Management – Strukturen und
                 methodische Instrumente", 3. Auflage, Fraunhofer IRB Verlag,
                 Stuttgart, 2010

[NS13]   Nävy, Jens; Schröter, Matthias: „Facility Services – Die
                 operative Ebene des Facility Managements", Springer-Verlag,
                 Berlin / Heidelberg, 2013

[Rec04]   Seneca: „Epistulae morales ad Lucilium / Briefe an Lucilius über
                 Ethik", 1. Buch, Briefe 1-12; Übers.: Loretto, Franz; Reclam
                 Verlag, Stuttgart, 2004

[Seu98]   Seumer, Markus: „Vom Reinigungsgewerbe zum
                 Gebäudereiniger-Handwerk: die Entwicklung der gewerblichen
                 Gebäudereinigung in Deutschland (1878 – 1990)", Franz
                 Steiner Verlag, Stuttgart 1998

[Spi09]   Spieß, Karl-Heinz: „Das Lehnswesen in Deutschland im hohen
                 und späten Mittelalter", Franz Steiner Verlag, Stuttgart, 2009

[Til78]   Tilly, R. H.: „Capital Formation in Germany in the Nineteenth
                 Century". In: Cambridge Economic History of Europe, Bd. VII,
                 T. 1, 1978

[VDI 6009-1]   Verband Deutscher Ingenieure: VDI Richtlinie 6009-1 – „Facility
                 Management – Anwendungsbeispiele aus dem
                 Gebäudemanagement"; Düsseldorf, 2002

Internet

[Bal07]   Balck, Henning: „Ist die DIN 32736 Gebäudemanagement
                 veraltet? – DIN EN Norm Facility Management beansprucht
                 Alleingeltung", erschienen in: Facility Management, Ausgabe
                 03/2007; abgerufen unter: http://www.balck-

partner.de/common/download/kolumne_18-
20_DIN%2032736.pdf; 25.06.2015

[BIV15]   Der Bundesinnungsverband des Gebäudereiniger-Handwerks:
               „Daten und Fakten zur Branche" – Artikel auf der Homepage;
               http://www.die-gebaeudedienstleister.de/die-branche/daten-
               und-fakten/; abgerufen am 06.06.2015

[Dus15]   Dussmann Stiftung & Co. KGaA: „Die Chronik – 50 Jahre
               Dussmann Group" unter
               http://www.dussmanngroup.com/dussmann-group/chronik/;
               abgerufen am 20.06.2015

[Geg15]   Gegenbauer Holding SE & Co. KG: „Meilensteine der
               Unternehmensentwicklung" unter:
               http://www.gegenbauer.de/unternehmen/geschichte/;
               abgerufen am 20.06.2015

[Lün15]   Lünendonk GmbH Gesellschaft für Information und
               Kommunikation: „Lünendonk®-Liste 2015: Die 25 führenden
               Facility-Service-Unternehmen in Deutschland 2014" unter:
               http://luenendonk-shop.de/out/pictures/0/lue_liste_fs_2015
               _f080615_fl.pdf; abgerufen am 14.06.2015

[Maa13]   Maaß, Stephan - „Facility-Management, unterschätzte Boom-
               Branche" – Artikel auf Welt Online vom 01.04.2013;
               http://www.welt.de/114917330; abgerufen am 23.05.2015

[Pel14]   Pelzeter, Andrea: „Neue GEFMA Richtliniezu Nachhaltigkeit im
               FM"; Vortrag auf dem FM Kongress 2014; abgerufen unter:
               https://www.mesago.de/~msgmedia/FM/Folien/Dienstag/Pelzet
               er_HWR_Berlin.pdf; 03.07.2015

[Pie15]   Piepenbrock Service GmbH + Co. KG: „Historie – Fortschritt
               aus Tradition" unter:
               http://www.piepenbrock.de/de/unternehmen/historie.html;
               abgerufen am 20.06.2015

[Sta12]   Stadlöder, Paul: „Europäische FM-Norm – Einheitliches FM-
            Verständnis", erschienen in: Der Facility Manager, Ausgabe
            01+02/2012; abgerufen unter:
            http://www.i2fm.de/web/index.php/facility-management-
            unternehmen/downloadbereich/download/824-artikel-
            einheitliches-fm-verstaendnis-aus-dfm0112.html; 25.06.2015

[VDI15]   Verein Deutscher Ingenieure: „Geschichte des VDI" unter:
            http://www.vdi.de/ueber-uns/organisation/geschichte-des-vdi/;
            abgerufen am 20.06.2015

[WIS15]   WISAG Facility Service Holding GmbH & Co. KG:
            „Unternehmensgeschichte" unter:
            http://www.wisag.de/unternehmen/unternehmensgeschichte.ht
            ml; abgerufen am 20.06.2015